筑境

中国精致建筑100

筑境

中国精致建筑100

晋阳佛寺

王宝库 王鹏 撰文/郭英 图版说明/王永先 郭英 王昊 摄影

中国建筑工业出版社

出版说明

中国是一个地大物博、历史悠久的文明古国。自历史的脚步迈入新世纪大门以来，她越来越成为世人瞩目的焦点，正不断向世人绽放她历史上曾具有的魅力和光辉异彩。当代中国的经济腾飞、古代中国的文化瑰宝，都已成了世人热衷研究和深入了解的课题。

作为国家级科技出版单位——中国建筑工业出版社60年来始终以弘扬和传承中华民族优秀的建筑文化，推动和传播中国建筑技术进步与发展，向世界介绍和展示中国从古至今的建设成就为己任，并用行动践行着“弘扬中华文化，增强中华文化国际影响力”的使命。从20世纪80年代开始，中国建筑工业出版社就非常重视与海内外同仁进行建筑文化交流与合作，并策划、组织编撰、出版了一系列反映我中华传统建筑风貌的学术画册和学术著作，并在海内外产生了重大影响。

“中国精致建筑100”是中国建筑工业出版社与台湾锦绣出版事业股份有限公司策划，由中国建筑工业出版社组织国内百余位专家学者和摄影专家不惮繁杂，对遍布全国有历史意义的、有代表性的传统建筑进行认真考察和潜心研究，并按建筑思想、建筑元素、宫殿建筑、礼制建筑、宗教建筑、古城镇、古村落、民居建筑、陵墓建筑、园林建筑、书院与会馆等建筑专题与类别，历经数年系统科学地梳理、编撰而成。本套图书按专题分册，就其历史背景、建筑风格、建筑特征、建筑文化，结合精美图照和线图撰写。全套100册、文约200万字、图照6000余幅。

这套图书内容精练、文字通俗、图文并茂、设计考究，是适合海内外读者轻松阅读、便于携带的专业与文化并蓄的普及性读物。目的是让更多的热爱中华文化的人，更全面地欣赏和认识中国传统建筑特有的丰姿、独特的设计手法、精湛的建造技艺，及其绝妙的细部处理，并为世界建筑界记录下可资回味的建筑文化遗产，为海内外读者打开一扇建筑知识和艺术的大门。

这套图书将以中、英文两种文版推出，可供广大中外古建筑之研究者、爱好者、旅游者阅读和珍藏。

目录

晋阳佛寺

太原古称“晋阳”，春秋晋权臣赵鞅家臣董安于此始建城，先于战国赵都邯郸。因晋阳城所处地理位置的独特及重要，故被历代统治者视为中国的北方重镇，北齐高欢、唐初李渊及李世民父子、五代时后唐李存勖、后晋石敬唐、后汉刘知远、北汉刘旻及刘继元等都是自晋阳起兵而夺取天下。中国封建社会史上盛极一时的大唐帝国的国号“唐”就是因为承爵唐公的李渊登基后为纪念其发祥地太原——古名曰“唐”——而定的。太原不仅是李唐王朝的发祥地，而且是中国历史上唯一的女皇帝武则天的故里（武氏系太原文水人），因而唐及唐武周时期屡加京号，称名“北京”或“北都”，与西京长安、东京洛阳并称唐代“三都”，其建筑规模与形制在这一时期发展到了极其辉煌灿烂的阶段，以致大诗人李白面对太原古城发出了这样的慨叹：“天王三京，北都居一，其风俗远盖陶唐氏之人欤？襟四塞之要冲，控五原之都邑，雄藩剧镇，非贤莫属！”岁月的沧桑巨变虽然使太原古城的许多胜迹被历史的尘埃所湮没，但迄今在太原城内及近郊地区仍遗留有国内藏经保存最多最完善的佛刹——号称“省会第一丛林”的崇善寺，并有名著海内的双塔永祚寺、崛㟧多福寺、土堂净因寺、太山龙泉寺及南十方白云寺等佛门圣境。

一、崇善寺兴建缘起

关于崇善寺的兴建缘由及起因，寺内所存明成祖永乐十二年（1414年）九月“建寺缘由匾”有着明确的记述：“晋恭王殿下为母后孝慈昭宪至仁文德承天顺圣高皇后马，于洪武十五年（1382年）八月初十日升霞，无由补报罔极之恩，洪武十六年（1383年）四月令内差永平侯奏准建立新寺一所，令右护卫指挥使袁弘监修启盖完备。至洪武二十四年（1391年）清理佛教事，恭王赐额‘崇善禅寺’。拨施地土一十九顷，永远与寺里焚修供佛香灯。”据此可知，寺院的兴建缘由，是朱元璋第三子、晋恭王朱棡为了纪念他的生身母、朱元璋的结发妻“孝慈昭宪至仁文德承天顺圣高皇后”马氏“升霞”，亦即逝世。据《明史·后妃一》记载，马氏出身贫贱，幼年丧失父母，被元末农民起义军领袖郭子兴所收养，后与朱元璋在军中成婚，常常为了保证朱元璋暖衣足食而甘心饥寒交迫。朱元璋登上皇帝宝座而不忘其德，夫妻恩爱如初。马氏虽贵为皇后，却仍以朴素为本，“平居服大练浣濯之衣虽敝不忍易”。尤其难能可贵的是她能以太祖朱元璋结发之妻的特殊身份对丈夫的多疑、专制、暴戾“随事微谏”，使不少开国元勋幸免于难，为明王朝保存了一批治国安邦的有用人才。其高风亮节不但赢得了臣民的钦佩，即便是位居至尊人人慑服的太祖朱元璋对她也是极为敬重，在她生前死后均给予高度评价，并在其死后赐谥“孝慈高皇后”。

图1-1 明代崇善寺寺庙全图/对面页

寺庙全图藏于寺内，为明成化十八年(1482年)所绘制，从图上可看到崇善寺在创建之初的宏伟规模，为现存寺庙占地面积的四十六倍，可见原寺规模之大。

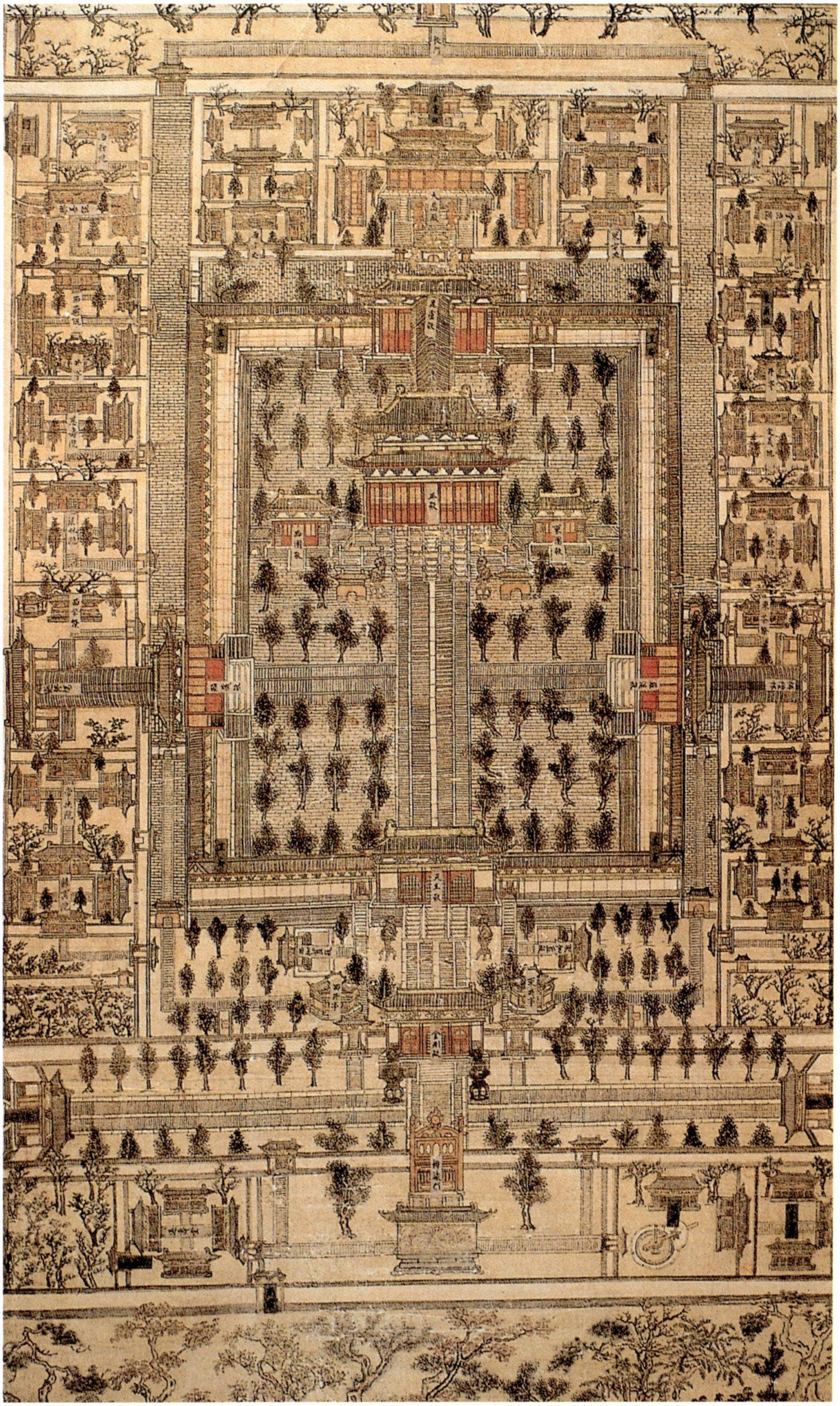

考虑到开国初的社稷安危及诸多不稳定因素，朱元璋未让就藩外地的诸子到都城南京参与马皇后的丧事活动。晋王朱棡对母后的去世痛心疾首，不单是因为他是马皇后的嫡子，特别是因为他在父皇的心目中地位不高，尝有人阴告其“有异谋”而惹得“帝大怒，欲罪之”，故诚惶诚恐，战战兢兢。为了补报母亲的“罔极劬劳之恩”，尤其重要的是为了讨得父亲的欢心以求自保，朱棡遣晋王府丞相永平侯谢成进京面见太祖，奏请建寺一所以纪念其母。僧侣出身对佛门有着特殊感情的朱元璋对朱棡此举极感欣喜与欣慰，当即准奏。寺庙建筑历时八载告竣，赐额“崇善禅寺”。依佛寺惯例，寺内一般不设祖庙，但明初所建崇善寺中轴线上的最后一座大殿金灵殿内却“设有帝座”，因此具有晋王朱棡祖庙的性质。太祖朱元璋尚健在，寺宇殿内却设有帝座，当是于佛寺中为活人立祠，这又使晋王祖庙有了“生祠”的性质，更是佛寺内有生祠之特例。该寺在建成后设有僧纲司，一向是山西佛教事业的管理中心，时迄今日，它仍然是山西省佛教协会的所在地。由于是皇帝钦准所建，由官方拨付巨资，故其规模恢弘犹如皇宫，无论在政治上还是经济上均享有特权，非一般寺庙可与伦比。

二、今虽弹丸地 曾有浩瀚天

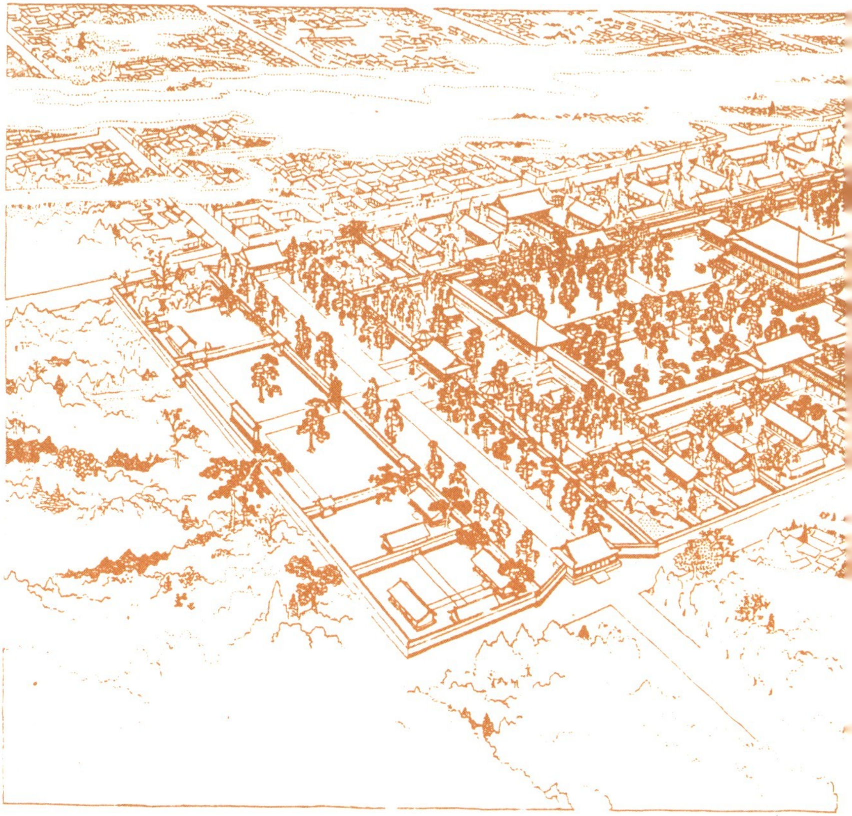

图2-1 崇善寺复原图

今存崇善寺虽乃弹丸之地，但当年却是规模巨丽，气势恢宏，南北长三百四十四步，东西宽一百七十六步，占地达二百四十五亩，在府城太原确是一方难得的浩瀚天地。

寺院当年按传统的中轴对称风格建筑，沿中轴一线由南而北依次布列照壁、山门及金刚殿、天王殿、大雄宝殿、毗卢殿、大悲殿、金灵殿等六座大殿与后门，照壁前为规模宏敞花木葱龙的南园，寺、园间以东西向之通道相分隔。寺院山门内两厢建东井亭、西井亭、东伽蓝殿、西伽蓝殿、罗汉殿、轮藏殿、东团殿、西团殿、东方丈、西方丈，天王殿至毗卢殿间周设回廊。这些建筑各以一座大殿为主体组成一个独立的庭院，院落间分别以院门、宫墙、园囿、树木相分割，自成体系，互不干扰。在六座主院落的东西两侧各建十座偏院，东侧为云集院、洪济院、旃檀林、东茶寮、觉林院、

图2-2 崇善寺鸟瞰

崇善寺重建于明初，当时总占地面积达16万平方米，规模宏大，沿中轴线由南往北，有金刚殿、天王殿、大雄宝殿、毘卢殿、大悲殿、金灵殿6座大殿，每座大殿两侧还建有配殿、画廊和方丈院，组成6进院落。清同治三年(1864年)毁于火，现仅剩大悲殿一组建筑。清光绪八年(1882年)，山西巡抚张之洞主持，在崇善寺原废址上又建起一座规模巨大的文庙。

定义院、井亭院、东厨院、会宗院、东静院，西侧为归真院、常乐院、选佛场、西茶寮、法林院、慈寿院、井亭院、西厨院、兴善院、西新院，共二十座院落，有八十一间朝王殿，七十二间抱厦厅，“其殿堂金错，巍巍乎接影连辉；阶陛玉裁，迴迴然深环远布。绀树阴森而花飘天雨，朱扉掩映而香散德风。存味禅清节之高僧，育操业雅宜之童行。规模宣序，俨若仙宫，不惟甲于太原，诚盖晋国第一之伟观焉”（见《善财童子五十三参》序）。寺内今存明宪宗成化十八年（1482年）所绘寺院总图真实地描绘了寺宇原貌，可见上述描写绝非虚妄不实之词。如此皇皇巨刹，惜于清穆宗同治三年（1864年）十月十五日失火被焚，仅占原建筑面积四十分之一的大悲殿幸存。

三、伽蓝的历史变迁

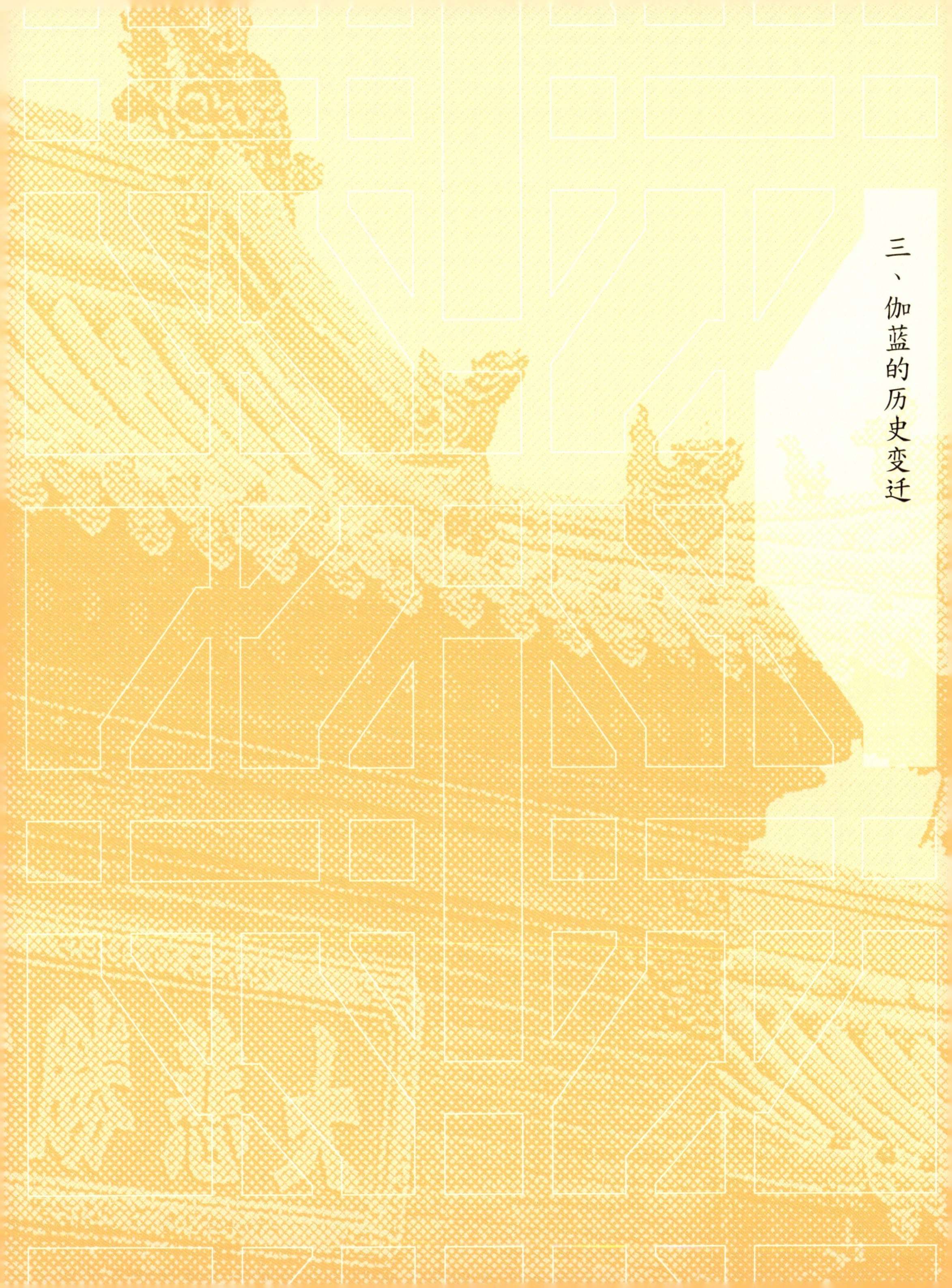

崇善寺是在一座古旧佛刹的基础上扩建而成的。古刹始创年代不详。鉴于今存寺院山门砖雕匾额上镌刻有“宗唐遗址”字样，故有人推测古刹始创于唐代，台湾报刊连载之《萍踪识小》甚至进一步说太原城东南的新寺原是“武则天少时出家的地方”。民国29年（1940年）《重兴崇善寺碑记》有“太原崇善寺，本隋炀帝之行宫而为兰若，历唐、宋以至金、元，几经兴废……”之说，则将古刹的创建上溯到了隋初。明世宗嘉靖四十二年（1563年）《重修崇善寺记》碑文称：“此系古白马寺也。今掘地而获石碣，复云‘延寿寺’也，则斯地为梵宫旧矣！因即其处题名‘白马存基，延寿故址’。”另据清宣宗道光年间（1821—1850年）版《阳曲县志》记载，寺“初名‘宗善寺’，僧不能久居，堪舆家于‘宗’字上增‘山’，遂安。俗名‘新寺’。”古刹始创年代众说纷纭，迄今尚无定论，但可以肯定的是，崇善寺是在原有旧寺的基础上扩建而成的。正因为有旧寺的存在，故明初无论官方或民间，均对朱棡扩建而成的崇善寺冠以“新寺”之俗称，迄今在寺宇西侧的一条小巷仍以“新寺巷”称名便是明证。此外，我们从明成祖永乐十二年（1414年）九月所立之“建寺缘由匾”可以得出明确的结论，朱棡所建新寺确凿的起竣年代当为明太祖洪武十六年（1383年）至二十四年（1391年）。寺院自明初大规模修建约百年之后，于明宪宗成化八年（1472年）至成化十六年（1480年）间又进行了长达八年的修葺，致使这座恢宏壮观的佛寺历经近百年的自然风蚀损毁之后“金碧丹垩，焕然

图3-1 山门

崇善寺现存山门，临街，无梁式仿木砖石建筑，面宽三间，各辟一门，门前两侧有一对铁狮。

图3-2 大悲殿鸟瞰/前页
大悲殿重檐七间，当时还不是最大的建筑，大雄宝殿的规模可能更大，应为九间重檐庑殿顶建筑。从这个规格可以想象，当年这座晋王祖庙和“会城第一丛林”的显赫情况。

一新”。明末清初历经战乱，崇善寺又遭受了一次程度不同的破坏。清穆宗同治三年（1864年）十月十五日中午，崇善寺失火被焚，仅大悲殿幸存。清德宗光绪七年（1881年）山西巡抚张之洞于古刹废墟上兴建文庙，崇善寺因此被一分为二，文庙占据了原寺院的主要地盘，以大悲殿及大悲院为代表的崇善寺偏居一隅，占地仅有原面积的四十分之一。民国年间，寺宇沦为山西省政府举办的“自新学艺所”（吸毒者及小偷之拘押所）。后因佛教会抗议而交还。抗日战争时期，日本侵略者将太原各寺院所存佛经集中于此，并在寺内举办“宏学院”以培养效力于日方的文化侵略爪牙。新中国成立后，国家对寺宇多次拨款维修，使这组建筑逐渐恢复了原貌。今为山西省重点文物保护单位、山西省佛教协会驻地，并被中国佛教协会列为全国佛教主要活动场所之一。

四、玲珑小院落　巍峨大悲殿

今存寺宇平面布局方正严谨，院落小巧玲珑，与巍峨壮观、卓然独立的主体建筑大悲殿形成了一个气势雄浑的空间组合和自成格局的建筑群体。大悲殿坐落在宽广的台基之上，月台前沿建钟、鼓二亭，左右对峙。大殿面阔七间，长38.5米；进深四间，宽21.7米。重檐歇山顶，用黄、绿、蓝三彩琉璃瓦覆盖，正脊两端鸱吻背上以宝剑斜向插入，瑰丽壮观，乃明初形制。殿身开间宽阔，通高12米，四周檐柱俱向内倾，形成“侧脚”；角柱较檐柱增高，造成“生起”，给人以宏大平稳之感。斗栱分上、下两层，下檐施重昂五踩，上檐施单翘重昂七踩，角栱上施昂承大角梁和仔角梁，翼角翘起，舒展健美。殿内柱子齐备，一仍唐、

图4-1 大悲殿

大悲殿位于崇善寺院内正北，是现存最重要的建筑，面阔7间，38.5米，进深4间，21.7米，重檐歇山式屋顶，用黄、绿、蓝三彩琉璃瓦覆盖，正脊两端大吻，造型生动。四周檐柱有“侧脚”、“生起”。斗栱分上下两层，上层重昂5踩，下部单翘重昂7踩。其形制、结构、装饰及制作工艺，都具有明初建筑的典型特征。

图4-2 钟亭

位于大悲殿前东侧，内藏铁铸大钟一口，与山门东侧大钟楼遥相呼应。

图4-3 鼓亭
位于大悲殿前西侧，与对面钟亭相对应，形制相同，内藏大鼓一面，与山门西侧大鼓楼及东侧大钟楼共同组成一组“晨钟暮鼓”的建筑格局。

图4-4 钟楼斗栱/上图

钟楼角科斗栱，为三踩如意下昂，耍头做成龙形，极具装饰趣味。

图4-5 大悲殿龙吻/下图

位于大悲殿正脊两端。龙吻高近3米，宽2.5米，通体以孔雀蓝为主，间以黄、绿，以三彩琉璃烧制而成。龙吻怒目圆睁，巨口大张，吞咬屋顶正脊，背上斜插宝剑。民间传说，龙可吐水降火，故制成吻兽于屋顶，并以宝剑镇之，使其安于职守，降水灭灾。

图4-6 大悲殿外檐斗栱/上图

位于崇善寺大悲殿前檐一层柱头上，斗栱为五踩双下昂，蚂蚱形耍头，昂嘴略有弯度，栱腰部圆浑，具有典型的明代建筑特征。

图4-7 大悲殿内檐斗栱/下图

位于大悲殿内平棊之下，实为二层里拽斗栱，全部出翘，不用昂，形制规整简洁。

图4-8 大悲殿山面斗栱
位于大悲殿一层山面檐下，平身科斗栱五踩双下昂，制作雕饰较为简洁。

宋旧制，上部梁架全部用草栿做法，以平棋遮盖。殿内平棋分为两层，前后槽和梢间柱子以外一周平棋安装在乳栿两侧；前后槽柱子以内部分则在上部梁架下皮安装平棋。两层平棋一律沥粉彩绘，使大殿显得庄严、富丽。整个大殿的造型、装修以及斗栱运用均极有特色，为国内现存比较完整、标准的明初建筑，比北京故宫的太和殿早二三十年，具有较高的历史与艺术价值。

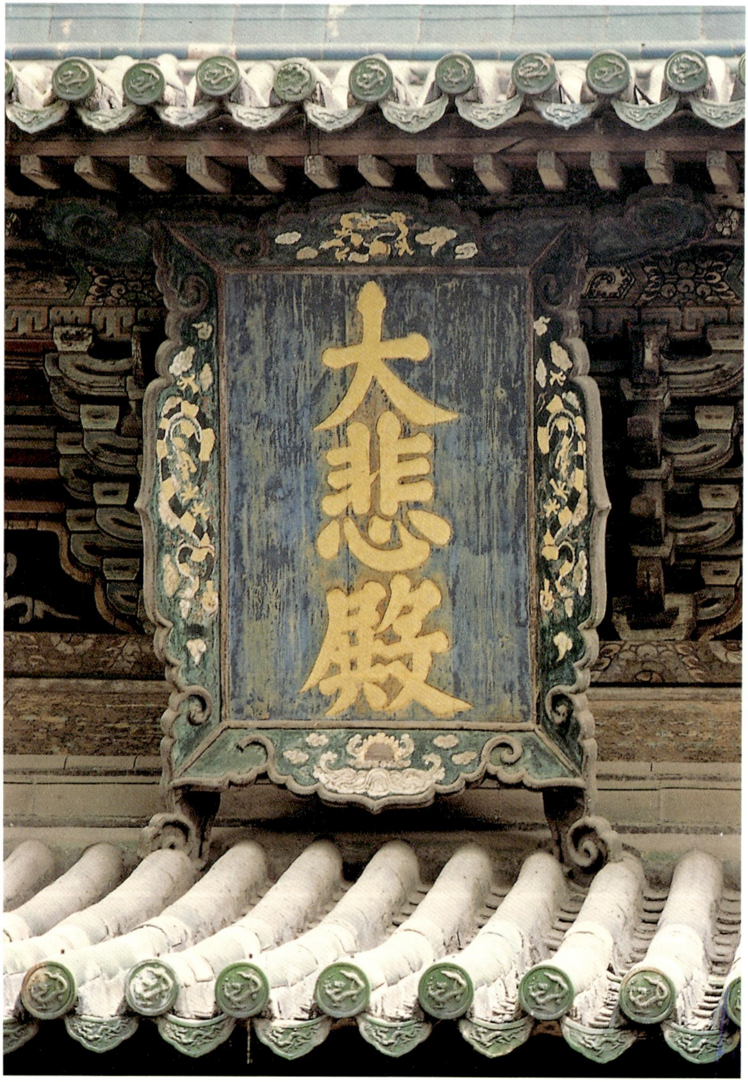

图4-9 “大悲殿”牌匾

位于大悲殿当心间门上二重檐之间，长2米多，宽1.3米，木质。四边浅雕花纹，青色刷底，中刻“大悲殿”三个大字，以真金涂写，字迹为颜体，圆润厚重，遒劲有力。

a

b

c

图4-10 铁狮

位于崇善寺山门前两侧。铁狮高2米有余，为雌雄一对，雄狮昂首挺胸，张口怒吼，脚踏绣球；雌狮护卫着脚下两只小狮，憨态可掬。莲座上铸“洪武辛未年造”铭文。

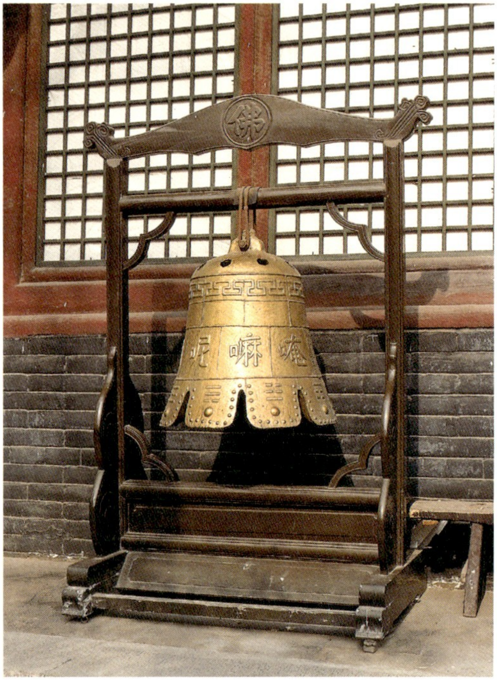

图4-11 铜钟
位于崇善寺院内大悲殿前，钟高约1米，直径1米。

由于大悲殿在原寺整体布局上自成格局，故原来分隔毗卢殿与大悲殿的院门自同治三年（1864年）失火后便成为今寺山门。山门面阔三间，下施三道券门，中门高而边门低，中为歇山顶，两边为悬山顶，覆蓝琉璃瓦。中门额书“大悲胜境”，右门额书“宗唐遗址”，左门额书“晋源神景”。门前月台上左、右两侧分置铁狮，高达2米，张牙舞爪，极有神韵。铁狮莲座上铸有铭文“洪武辛未年造”，院内东南隅有大钟楼，建于明武宗正德年间（1506—1521年）。楼下台基高逾5米，四围包砖，状若城堡。楼以四根通柱支撑，上为单檐十字歇山顶，内存正德元年（1506年）所铸大钟一口，通高2米，外径1.8米，唇厚5厘米，号称重9999斤，实际重量逾万斤。其余耳房、厢房、僧舍等多为清代所建，历经翻修，已失原貌。

五、汉传佛地　密宗造像

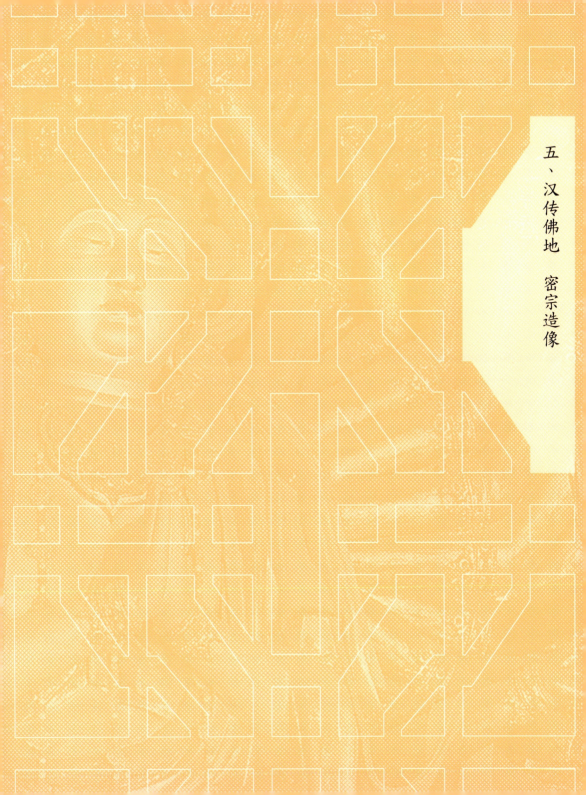

崇善寺大悲殿正面须弥座上供三尊站立菩萨像，居中为千手千眼观音菩萨，左右两侧分别为千臂千钵文殊和普贤菩萨。观音以救度众生脱离苦海为己任，佛教谓“与乐为慈，拔苦为悲”，因尊号“大悲”，故以其为本尊的大殿称“大悲殿”。文殊尊号“大智”，普贤尊号“大行”，菩萨汉语名称谓“大士”，“士”者“事”也，即从事自利利他之大事的人，亦即“发大心的人”，故此三大菩萨像合称“三大士像”。塑像高达8.3米，再加上身后的背光，每尊塑像几乎占据了一间房屋的空间。这些塑像风格独特，造型别致，身姿秀美，面形圆润，比例适度，大而不悍，色彩绚丽，衣纹流畅，庄严慈祥。从塑像形制上审视，可知系密宗造像，有着较为明显的尼泊尔、印度和藏传佛教塑像风格，造型神秘，充满了象征意味。正中观音菩萨立像端庄持重，形体健美，除居中两只手臂外，左右各有二十只手臂，每只手中各执一眼。将这左右

图5-1　观音菩萨像/对面页

大悲殿内佛坛上塑三大士立像，中为观音，左右为文殊、普贤，三像高达8.5米，为密宗造像。观音菩萨塑成千手千眼形象，手持轮、螺、伞、瓶等法器，象征着主宰宇宙的无边法力。塑像形体比例准确适度，极具超凡脱俗的神韵。

a

b

图5-2 文殊菩萨像

位于大悲殿内观音菩萨东侧。文殊号“大智文殊”，主像塑成三头六臂，身后实塑一千只小手，每手托一金钵，每钵中端坐一尊小释迦佛，故称之为“千臂千钵千释迦文殊”。整座造像造型奇特，想象力丰富，比例适度，雍容华贵，是我国明塑中的精品。

总共四十只手、眼分别乘以佛教的“二十五有”，即成千手千眼之数，复化十一面相，故全称“千手千眼十一面观音”。所谓“二十五有”，即色、空、欲“三界”中二十五种“有情”存在的环境，包括须弥山四周咸海之内的东胜神洲、南赡部洲、西牛贺洲、北俱卢洲等“四大部洲”，地狱、饿鬼、畜牲、阿修罗（古印度神话中的一种恶神）等“四恶趋”，四天王天、忉利天、夜摩天、兜率天、乐变化天、他化自在天等“六欲天”（此乃不离食、淫二欲之欲界天中的六重天）等。依照佛教的解释，此种形象乃观音的六种变相之一，可洞察人世间的一切祸福，济度众生的种种苦厄。据《千光眼经》记载，观音菩萨的十一面相前

图5-3 玉佛

位于崇善寺大悲殿内佛台之上，像高70厘米，为释迦牟尼佛坐像，通体用玉雕成，晶莹润滑。释迦佛结跏趺坐，斜披袈裟，面目慈祥，雕工精细，衣纹疏密得当。

三面是菩萨像，右三面是白牙上出相，左三面是愤怒相，后一面是暴笑相，顶上一面是如来相。菩萨手中所持轮、螺、伞、幢、花、瓶、鱼、结等八种法器象征吉祥如意，刀、剑、戟等武器用来降妖伏魔。日、月等象征光焰遍满宇宙间的无量佛法。三大士像气度宏大，展现了广大微妙之相，眉宇间闪现智慧之光，反映了佛教日趋世俗化的倾向，不仅是形、神兼备的佛教艺术珍品，亦是中国古代雕塑艺术之杰作。

六、应化示迹宝石画

明初的崇善寺在大雄宝殿两侧长廊上绘有大型佛教故事壁画，具有很高的艺术价值。不像一般寺庙将壁画绘于殿内，而是绘在大殿外的廊墙上，这就给画师提供了施展才华的较为广阔的空间，使他们能够更为自由地进行艺术创造。清同治三年（1864年）阴历十月十五日午时冲天而起的那一场大火，将这些精美的壁画连同建筑物化为灰烬。所幸寺内尚存壁画摹本，使我们有幸在今天还能欣赏这些壁画的风采。

寺内今存的壁画摹本包括《释迦世尊应化示迹八十四龛》（简称《释迦谱》）和《善财童子五十三参之仪》（简称《五十三参》）亦即当时的粉本。明成化十九年（1483年）将粉本装裱珍藏，以便“庸存楷式，永昭常住”（见《释迦世尊应化示迹八十四龛图像后跋》）。《释迦谱》计84幅，《五十三参》计53幅，两者共计137幅，每册宽0.37米，长0.51

图6-1 明代壁画摹本之一
因为大悲殿内所藏明代壁画摹本《善财童子五十三参》第36幅特写。画页长50厘米，宽37厘米，绢面，工笔重彩，水墨勾勒，石色渲染，色泽艳丽如新，被誉为“宝石画”。

图6-2 明代壁画摹本之二

图为《善财童子五十三参》壁画摹本中的一幅，表现了善财童子受文殊菩萨教化，南行参访名师，最后遇普贤菩萨，实现了其从佛学法心愿的故事。

米，封面以黄色缎料装裱，内页为纸骨绢面，全部以石色渲染，做工精细，装帧考究，色泽艳丽如初，被誉为“宝石画”。两套摹本所描绘的题材是唐、宋以来寺院壁画中普遍流行的佛传故事和经变故事。《释迦谱》以单幅连环场景形式表现了释迦世尊之种种变化身，从因地中的辞行始，经托化投胎、转世降生、九龙沐浴、无人献衣、从师习艺、走马掷像、出游四门、慨然出家、遁入密林、历经苦行、开悟成佛、初转法轮、广说佛法……直至双林入灭，完整地反映了其成佛的全过程。《五十三参》图则通过不同场景的描绘，详尽地表现了善财童子受文殊菩萨教化南行参访五十三位“善知识”最后得遇普贤菩萨实现成佛“行愿”的故事。其情节的完整性及跌宕起伏虽不及《释迦谱》且有图解概念之弊端，但在画面构图、人物造型、场景描绘等方面却较少受到佛教经典的拘囿，而具有更为自由的表现形式。

这两套摹本是研究古代寺观壁画的构思及绘制过程的重要实物资料，孤本独存，十分珍贵。

七、经卷佛藏 以此为最

抗日战争时期，侵华日军为了开办所谓“弘学院”，将太原各寺所存佛教经典统统汇集于此，遂使崇善寺成为中国重要的佛经收藏地，以佛教藏经存量丰富、种类繁多、保存完好、版本名贵而驰名海内外。寺内今存经过加工整理的自北宋以来各代刊印或手写的大藏经总计三万余卷，其中善本两万一千余卷，非善本一万余卷，另有部分道藏经典，其中多数是明代以前的名贵藏经。除北宋的《崇宁万寿藏》为残经之外，余皆完整无损。这些藏经的种类基本上包罗了中国木版印刷藏经以来的各代重要版本，以及各种金写、血写、手抄、石刻、拓碑本。其中的宋版藏经刻、写俱佳，装帧考究，是与世界上活字排版印刷术的发明差不多同期的作品，不仅属于中国印刷史上早期出现迄今尚存的珍贵标本，而且也是难得一见的古代书法及雕刻艺术之佳作，具有重要的历史与艺术价值。

图7-1 藏经阁

位于崇善寺西院，坐北朝南，面宽五间，二层楼阁式建筑，设前廊抱厦，雕梁画栋，两侧有偏廊，自成一组小院，现为佛教协会办公场所。

图7-2 藏经阁彩画

位于崇善寺西院藏经阁门前抱厦上，彩画图案规整，色泽艳丽，沥粉贴金，具有富丽辉煌的效果。

在浩如烟海的崇善寺所存大藏经中，北宋《崇宁万寿藏》和南宋《碛砂藏》是中国历史上佛教藏经刻印事业鼎盛期的孑遗物。《崇宁万寿藏》又称《鼓山大藏》，开刻于宋神宗元丰三年（1080年），由福建福州东禅寺智本沙门契章等僧人募资，住持冲真等刻印，历时长达33个年头，共计564函，5800余卷。南宋时又补刻10余函。历时九百多年之后，这部佛教典籍已成残经。崇善寺内现存印本则是李忠、葛昌等人在宋哲宗元祐六年（1091年）印制的，仅存17卷又18页。印本为折叠式，上下留空宽广，行格疏朗，字体结构紧凑，布局疏密有致，刀工雄浑有力，堪称传世佳作。《碛砂藏》是南宋时理宗绍定初年由平江（今江苏苏州）官吏赵安国独自出资、延圣院比丘尼弘道筹设大藏经刻经局于绍定四年（1231年）正式开刻的，首先完成了《大般若》等大部经典的刻印。到了度宗咸淳八年（1272年）以后因战乱而中止。元代时又予续刻，直至元英宗至治二年（1322年）才全部刻完，共计591函、6362卷。崇善寺今存宋版《碛砂藏》有562函、4846卷，仅比原版缺少29函、1516卷。

崇善寺今存元版藏经《普宁藏》，计505函、4257卷，比原版缺少81函、2068卷。所存明版藏经有两种：一为《南藏》，原版共有636函、6331卷，今存633函、5970卷；一为《北藏》，原版共有660余函、6771卷，今存668函、6613卷。

崇善寺内尚存两部用赤金书写的经书：一为81卷《大方广佛华严经》（简称《华严经》），一为7卷《妙法莲华经》（简称《法华经》），均系折叠本、宫批纸、赤金书写。《法华经》今存完好，《华严经》大部毁于20世纪60年代的“文化大革命”中。两部佛经具体书写年代不详，根据经卷用材及卷末题记推测，当系明成祖永乐十年（1412年）所书。此外尚存一部用人血写就的完整的《华严经》，计81卷，相传乃明代净洁法师以刺舌之血用12年时间所完成，惜大部于“文化大革命”中被毁，今仅存10余卷。

八、崇善寺废墟上崛起的文庙

图8-1 文庙棂星门

文庙是崇善寺南侧的一组建筑，占地4万平方米，于清光绪八年(1882年)，由山西巡抚张之洞倡议，在大悲殿南部，被火烧毁的崇善寺遗址上重建。棂星门为文庙的大门，前边建有牌楼、照壁、井亭，自成格局。

文庙始建于金世宗大定年间（1161—1189年），原在太原城西，清德宗光绪七年（1881年）被汾河水淹没后由山西巡抚张之洞倡议于崇善寺废墟上再建，与崇善寺现存建筑南北对峙，比邻而居。庙宇坐北向南，规模宏伟，殿堂舒阔，分四重院落，中轴线上自南而北依次排列着影壁、六角井亭、棂星门、大成门、大成殿、崇圣祠及东西廊庑等建筑，有各种殿堂厢房百余间。庙宇院落宽广，古木参天，总面积达13000平方米。棂星门即文庙大门，三门六柱硬山顶，檐下施斗栱，柱与柱之间的琉璃瓦砖墙上镶嵌绿琉璃团龙共4条，色彩鲜艳，富丽堂皇。门前置铜、铁蹲狮4躯，均为明代形制。大门对面的影壁高大雄浑，中嵌绿琉璃

图8-2 琉璃团龙/上图

位于棂星门墙壁之上，共有4幅，直径均为2米左右。系用孔雀蓝及黄、绿三彩琉璃烧制而成。团龙或飞跃升空，或奔腾入海，张牙舞爪，造型极为生动。

图8-3 文庙大成殿/下图

大成殿是文庙的主要建筑，约建于当年崇善寺大雄宝殿的基址之上。大殿面宽七间，进深四间，单檐歇山式，灰瓦布顶，三彩琉璃剪边，五踩双下昂斗栱，整座大殿坐落于宽广的月台之上显得格外庄严雄伟。

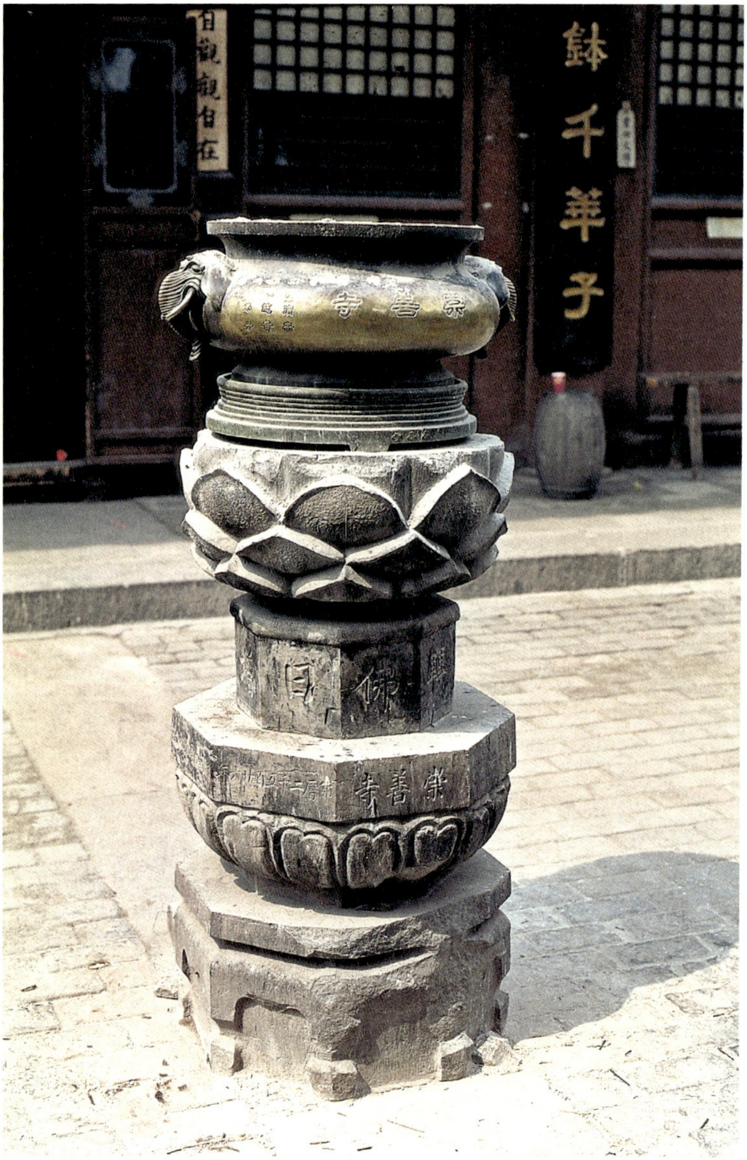

图8-4 莲座香炉

位于大悲殿门前月台之上，高1.5米，下部为砖雕莲座，上置铜质镀金香炉，以供香客礼佛烧香所用。

图8-5 琉璃香炉

位于崇善寺西院内，香炉高近2.8米，通体用黄色琉璃烧制而成，造型宏伟，色泽鲜艳，上刻楷书“崇善寺”三个大字。

团龙，造型生动，盘旋欲飞。大门与影壁间的东西两侧各建六角井亭1座，比例适度，结架规整，上部以盝顶收刹，为他处所罕见，给人以肃穆轩昂之感。大成门是文庙的第二道门，面阔五间，彩绘斗栱，绿瓦飞檐，颇为壮观。大成殿系庙内主体建筑，面阔七间，进深四间，单檐歇山顶，琉璃瓦剪边。大殿前面的月台以青石砌筑，高1至3米，长28米，宽18米，巍峨壮丽，气象庄严，是举办祭孔盛典的场所。文庙今已开辟为山西省博物馆，棂星门内庙院东西厢房陈列山西革命史文物，大成殿及左右廊庑陈列古代珍贵文物，其中尤以石楼县出土的殷代铜觥最为名贵。觥呈角状兽形，遍体饰龙、鱼纹，造型奇特，纹饰精美。其他如王子干戈为吴王僚称王前所用武器；北魏木板漆画类似东晋名画家顾恺之笔法。此外还有戚继光手书李小山归蓬莱诗轴等，均有较高文物价值。陈列品琳琅满目，俱为珍品。

九、与崇善寺南北呼应的双塔永祚寺

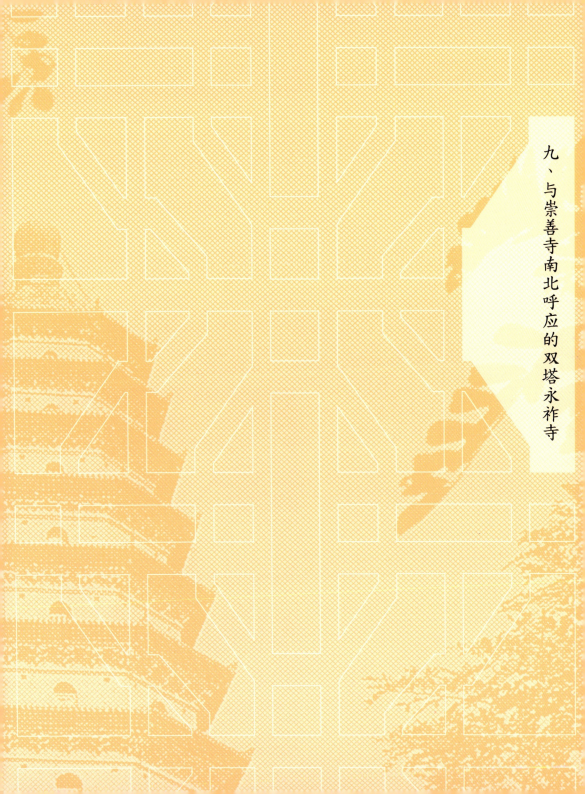

地处太原市区东南隅的永祚寺名著海内，与崇善寺南北呼应，为市区内现存规模较大的佛刹之一。因寺内双塔高耸，故俗称“双塔寺”。“永祚”一名出自《诗经·大雅·既醉》中“君子万年，永锡祚胤”一语，“祚”即“福”，“永祚”的含义就是“永赐福祚”。

寺宇依山就势，居高临下，坐南朝北，布局疏朗，视界开阔，由福登高僧于明神宗万历年间奉敕建造。寺由外院、内院、塔院三部分组成，原拟建规模宏大，但尚未完工，主持建寺的福登和尚又奉诏赴五台山传戒并监修显通寺铜殿，遂致寺院仅有今日规模，“内院殿堂阁，外院一围墙”，故外院显得空旷无

图9-1 永祚寺外景
永祚寺俗称双塔寺，位于山西太原市城区东南隅。“永祚”意指“永赐福祚”。寺宇坐南朝北，居高临下，建于明朝万历年间，由外院、内院、塔院三部分组成，规模宏敞。现存建筑有大雄宝殿、三圣阁、禅房、客堂及双塔等。

图9-2 永祚寺塔院景观
永祚寺为明代高僧福登奉敕建造，塔院布局宽阔整洁，绿树成荫，牡丹盛开时，花香四溢，为永祚寺一景。

物，东西两侧各有厢房五间，当系未完之工程。内院平面布局为四合院形制，门额镌刻“永祚禅林”4字，门两侧悬挂篆字联1副，上联为“凤藻无穷帖爱宝贤花爱紫”，下联为“因缘有会寺求永祚塔求双”，将寺内景物尽录联中，意趣甚佳。院内建大雄宝殿（亦称“接引殿”）、三圣阁、禅房、客堂、方丈室等。大雄宝殿与三圣阁共为一体，下殿上阁，庄严炳焕，比例适度，浑厚壮实，系无量殿形制。大殿面阔五间，19.35米，进深11.3米，当心间和两次间辟门，两梢间施直棂窗，除门窗外全部由青砖砌筑。殿内上部为券拱穹隆顶，外壁全部系磨砖对缝仿木构砖雕，前檐墙面饰有明柱、栏额、普拍枋、耍头、斗栱、垂柱等，形式多样，雕工精细，玲珑雅致，富丽精巧。檐下仿木构斗栱皆作五踩双翘，除柱头科外每间俱施平身科两攒，当心间两朵平身科中还夹有一攒斜栱。殿内东西两间侧壁上各筑一排龛洞，专为存放经书而设。殿堂正面中置铜铸阿弥陀佛立像，高约4米，法相庄严，栩栩如生；左右两侧为铁铸贴金释迦佛和药师佛坐像，造型均极生动。殿上三圣阁面阔三间，16.75米，进深9.7米，单檐歇山顶，上覆筒板瓦，琉璃瓦剪边，内外装饰结构与大雄宝殿基本相同。阁内明间砖雕藻井引人瞩目，方形井口四角用五踩斗栱出挑，层层叠涩，井壁由四面渐变为八面，随着头栱的逐级缩短而汇聚于顶部中心，若悬空宝盖，精巧奇特。

塔院在寺东南隅，内建砖塔2座，并筑有过殿和后殿。双塔南北对峙，比肩而立，相距约60米，因系明神宗朱翊钧之母宣文太后李氏出资所建，故称“宣文塔”。二塔均为八角十三级，砖构楼阁式，塔身中空，内有阶梯可供盘旋登顶。塔身每隔一层即辟四门通向出檐，方向按顺时针不断变化，避免了因结构不合理而招致塔体中间劈裂之虞。双塔一旧一新。旧塔建于明万历二十五年至三十年（1597—1602年），由功德主山东布政司参议

图9-3 大雄宝殿

大雄宝殿为2层砖建楼阁建筑，面阔五间，无梁殿形制。下殿上阁，下为大雄宝殿，上为三圣阁。整座建筑端庄整洁，为寺院的主要建筑。

图9-4 仿木砖雕细部
大雄宝殿外檐为磨砖对缝仿木结构，砖体叠砌而成。檐下仿木斗栱皆作五踩双翘，当心间施一攒斜栱，雕工精细，富丽精巧。

图9-5 西塔近景/对面页
西塔高54米，八角十三层，斗栱五踩双翘，上承撩檐枋及椽、飞，组成出檐。塔身每隔一层安设透窗，塔内中空，可登阶盘旋而上。

傅霖倡议募资而建，实际上是为“兴文运，昌文风”所修造的“文峰塔”。明《太原府志》载：“新建塔二座并寺一所，城外东南，高入云霄，为晋奇观。万历年建，起自堪舆家言，谓‘塔在巽峰，则文运胜’。建后连三科两庠，中五人或七人或十人，其兆足征也。”塔底层每边长4.36米，周长35米，通高54.76米，上下收分甚小，直径相近，顶由覆钵、宝珠、宝瓶等组成，通体以素砖砌筑，不施琉璃，雕饰清丽，豪放粗壮。新塔建于明万历三十六年至四十年（1608—1612年），1982年重修双塔时，于舍利塔顶部发现铭文：“山西太原府阳曲县城东南郝庄宣文塔，万历三十六年吉月吉日兴工，至四十年吉月吉日工完”及“督统五台山护国禅师总理宣文塔永祚寺住持僧福登”等，据此可确切地知道塔之起竣年代及监修人。塔为砖石结构，仅在各层飞檐内使用少数挑木为骨，通高54.78米；底层每边长4.6米，周长36.8米，高7米；椽檐枋下斗栱间隙处嵌刻

"阿弥陀佛"4字。檐下斗栱密致，第一至第七层砖雕仿木构斗栱均为五踩重翘，上承橑檐枋及椽飞，组成塔檐。随着塔层的上升，各层高度逐级递减。逮至第八层以上，斗栱结构变为一挑三踩。塔身上下收分明显，下大上小，轮廓秀美。每层塔檐均以孔雀蓝琉璃剪边，饰琉璃鸟兽与花卉，色彩绚丽，周置浮雕佛像，似八面连环之佛龛。塔身每层八角均镂刻装饰性垂莲柱，柱间以砖砌栏额相连，垂柱上方砖雕雀替、枋头，华板上均镌刻草纹与云纹。底层东南方与西北方各辟一门。入东南门拾级而上，迎面有石砌佛龛，继续攀登可达顶层；入西北门则可至塔室，能看到券井楼阁式宝塔的内部结构。塔顶系八角攒尖式，重珠为刹。塔刹之八角座和其上之莲花座均为铁质，八角座上铸有铭文及八卦图案，塔刹基座分四瓣铸就安装于塔顶。莲花座上的三节宝珠之最下部球体亦为铁质，上两节球体则为铜质。寺塔挺拔俊秀，巍峨壮观，塔身砖雕是明代继承宋、元木构建筑规范并有所发展创新的代表作。"双塔凌霄"系旧时太原府治阳曲县八景之一。人们出入太原，双塔首先映入眼帘，成为太原的标识与象征。明人李溥登双塔时曾写诗赞曰："三晋城楼俯首看，一声长啸倚栏杆。振衣绝顶青云湿，酌酒危峰白日寒。矗矗苍龙擎宇宙，绵绵紫气发林峦。我来欲把星辰摘，到此方觉世界宽。"

寺宇北隅前院东侧新建碑廊1座，共有30间，曲折回环，长逾百米，西有月洞门与禅院沟通，南与塔院仅一墙之隔。碑廊内壁镶

a

b

图9-6 塔身细部

塔身通体用砖砌而成，在斗栱、柱头部分，用砖雕、镂空、拼接等工艺，仿木结构制成出檐。每层檐下施一周砖雕斗栱，栱眼壁雕“阿弥陀佛”字样。阑额之下雕饰荷叶墩。

嵌单面碑2层或3层，中建7道立墙，嵌双面碑50余通，为明、清两部《宝贤堂法帖》。这些碑刻多为名家墨宝，行草篆隶楷各种字体均有，包括了历代著名书法家王羲之、王献之、欧阳询、褚遂良、张旭、柳公权、颜真卿、怀素、苏东坡、黄庭坚、赵孟頫、傅山等人的书法作品。

寺内大雄宝殿前有明代丁香2株，主干约碗口粗细，老干新枝，绿叶婆娑，花开时节，香气袭人，为古刹平添勃勃生机。寺内遍植牡丹，枝老叶茂。每当立夏之际，各色牡丹竞相开放，绿叶碧翠如玉，艳花大似玉盘，流光溢彩，宛若落霞。

双塔寺附近有唐代名相狄仁杰故里、著名古刹南十方院白云寺、松庄傅山隐居处、观家峪朝阳洞《聊斋》所记“画皮”故事中的道士出处等，与双塔古寺自然形成了一个令人瞩目久负盛名的游览区。

十、崛围山上多福寺

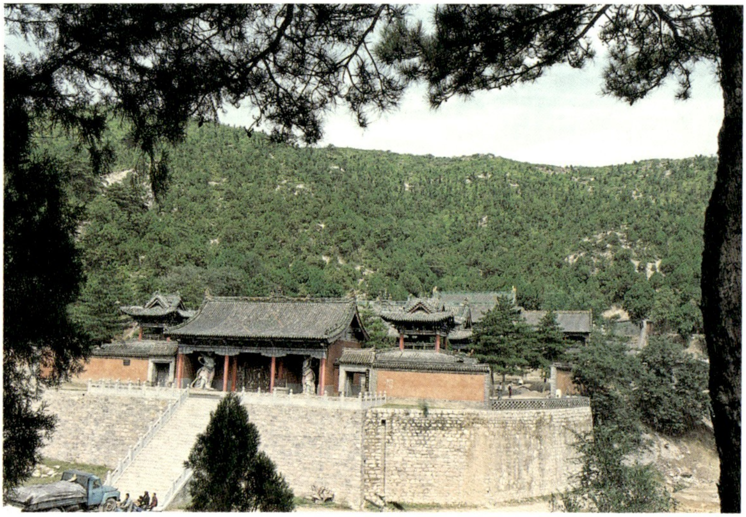

图10-1 多福寺外景
多福寺位于太原西北20公里崛𡶶山上，创建于唐，明洪武年间重建。寺院坐北朝南，亭台楼阁掩映于苍松翠柏之间，环境十分优雅。

多福寺在太原西北距市区约24公里的北郊区呼延村附近崛𡶶山上，始名“崛𡶶教寺”。山、寺之所以名“崛𡶶”者，盖因山势盘屈山径围绕而得。朱彝尊《崛𡶶寺题名记》说“崛𡶶”两字“其初必无偏旁，疑村夫子强加之”，其说法颇有见地。关于寺之始建，众说纷纭。清末《阳曲县志》载：“呼延村崛𡶶寺在崛𡶶山下，唐贞元二年（786年）建”，又称：“山上有多福寺，即古崛𡶶教寺，明弘治改‘多福’。”据此可知原有上、下二寺，明孝宗弘治年间上寺改称“多福寺”后，“崛𡶶寺”之名遂专属下寺。再后又因下寺毁圮，于是人们将多福、崛𡶶两寺名混而为一，今统指上寺。晚唐名将李克用及后唐庄宗李存勖父子曾到这里瞻礼佛寺，焚香勒石，寺况空前。过去每逢农历六月初六日，当地数十里内乡民齐聚于此，借“六六大顺”之吉兆，兴办庙会，焚香礼拜，祈求多福，热闹非凡。寺在宋末毁于兵燹，明太祖洪武年间重建。后又历经重修、扩建，形成现状。

图10-2 多福寺前院外景

多福寺前院由山门、钟鼓楼，大雄宝殿等组成，院内苍松翠柏，郁郁葱葱。图中建筑为大雄宝殿。

图10-3 多福寺山门/后页

山门为多福寺中轴线上第一座建筑，面宽三间，悬山式，灰瓦布顶，琉璃剪边。月台周施汉白玉石栏杆，前面为通往山下的高大台阶。山门居高临下，气势恢宏。

寺处山巅小峪中，清泉绕门，松柏簇拥，环境清幽。寺院坐北向南，原建规模宏大，布局别致，称“真三院”，前、后、左、右看皆为三院，三三共九院。抗日战争及“文化大革命”期间屡遭破坏，几成断壁残垣。近年来历经修葺、复建，寺貌复原，已成游览热点之一。寺分三进院落，中轴线上自前至后依次排列着山门（即天王殿）、大雄宝殿、藏经楼、千佛殿等建筑，左右建钟鼓二楼、东西厢房、文殊阁、阇黎阁、龙王庙、红叶洞及禅堂、僧舍。寺东侧辟东山门，门外沟北有奶奶庙，南有七松亭，西南山巅有舍利塔。大雄宝殿在寺内前院正北中央，面阔七间，进深五间，四周围廊，单檐歇山顶，灰色筒板瓦覆盖，绿琉璃瓦剪边，脊饰壮丽，檐下斗栱五铺作，规模宏伟，堪称巨构。殿内供三佛四菩萨，均面相丰润，高大浑厚，为太原市今存较好的明代彩塑之一。殿周壁画尚存，内容为佛本生故事，描绘了佛祖释迦牟尼自“白象投胎”到“双林

图10-4 多福寺天王殿
天王殿即山门，因供奉四大天王，又名天王殿。

图10–5 藏经楼

位于二进院中轴线上，楼阁结构类似文殊阁，坐北向南，面宽五间，下层砌拱券窑洞，上层木构单檐悬山式建筑，上、下均有前廊。

图10-6 多福寺千佛殿/上图

千佛殿坐落在2米高的汉白玉月台基座上，面宽五间，单檐歇山顶，灰瓦布顶，绿色琉璃瓦剪边，建筑居高临下，增添了宏伟气势。

图10-7 多福寺大雄宝殿外景/下图

大雄宝殿面宽五间，进深三间，周施一步廊，单檐歇山顶，琉璃瓦剪边。斗栱五铺作，是寺内主要建筑。

图10-8 大雄宝殿内梁架斗栱/上图

图为大殿内角梁后尾节点及内檐斗栱。大角梁后尾搭于抹角梁上，再上承托屋檩。制作十分规整。

图10-9 大雄宝殿内景/下图

大雄宝殿内供奉三身佛，高达二丈，端庄肃穆。几尊胁侍菩萨和护法金刚均比例适度，形态自然。

a

b

图10-10 大雄宝殿彩塑

大雄宝殿内供奉三身佛及胁侍菩萨，均为明塑。图为药师佛及胁侍菩萨之一。

图10-11 大雄宝殿壁画

大殿墙壁绘有明代壁画84幅，表现释迦牟尼成佛的故事。画幅似连环画构图，整体呼应，运用山水建筑连接，线条流畅，色泽艳丽，许多地方更施以沥粉堆金技法，有较高艺术水平。

入灭”的全部过程，共84幅，用沥粉勾勒衣纹，线条细腻流畅，色彩明快，具较高的艺术价值。藏经楼在中院，为两层楼阁，面阔五间，下层为拱券砖砌窑洞，上层为木构单檐悬山顶，前檐插廊，灰色筒板瓦覆盖，绿琉璃瓦剪边。藏经楼东侧的文殊阁较为特殊，是一座下洞上阁的双层建筑，下为乘息洞，上为文殊阁。洞前4根石柱矗立，形成抱厦，内以青砖砌券，为无梁殿式结构。洞门两侧明柱上墨迹淋漓，笔势飘逸，墨色渗入石中，今仍清晰可见，乃明末清初思想家傅山留题。寺旁山上松林中有一座依山而建的青砖小屋，屋后丹崖高耸，四周林木葱茏，门前石阶、曲径萦回缭绕，即傅山在明亡以后隐居、读书之青羊庵。傅山以“霜红龛”名之，其诗集亦题名《霜红龛集》。千佛殿系三进院之主殿，已塌毁，近年来又在旧址上重建，呈明代风格，面阔五间，进深三间，单檐歇山顶，灰瓦覆盖，绿琉璃瓦剪边，墙体磨砖对缝砌筑，与寺内其他建筑风格谐调统一，其复原重建使寺貌更趋完整。寺内钟楼今存大钟一口，为明英宗天顺三年（1459年）九月铸造，弥足珍贵。

寺宇东山门外有阴阳柏，颇为奇特：二柏连根共生，扭结为一体，向深谷倾斜，似纵身堕入幽壑之状。每至夏秋两季，诸柏皆身干枝爽，唯二柏树干流淌浓汁，号称“阴阳柏”，亦名“夫妻柏”，相传系一对恋人面对迫害相互拥抱跳崖殉情后所化生。寺东南有陡坡，绵

图10-12 文殊阁

文殊阁位于二进院藏经楼东侧，阁坐北向南，面宽三间，二层楼阁。下层为石砌拱券窑洞式建筑，上层建木结构单檐悬山建筑。前廊施四根通柱，支撑屋檐。

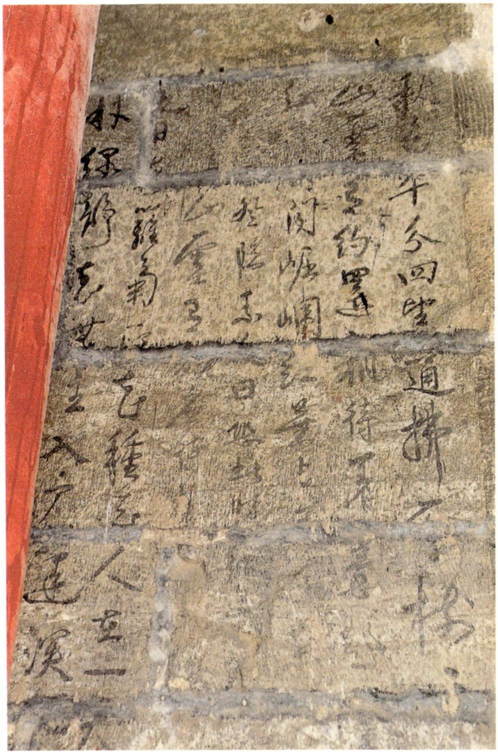

图10-13 傅山墨迹/左图

傅山是明代画家，书法家、医学家，也是著名的爱国志士。他晚年曾在多福寺居住、著书，藏经楼墙壁上，仍留有他的亲笔墨迹。

图10-14 夫妻柏/右图

“夫妻柏”位于多福寺东侧山谷边缘，两棵高大的柏树同根生长，相互扭结，俗称“夫妻柏”。

延数里，中有羊肠古道连接山之上下，是植被浓密、红叶集中地之一。相传古有老僧云游至此，喜山势之奇伟、环境之清幽，遂结草为庵定居下来。因山上无水，每日晨昏皆需沿羊肠小道下山挑水，汗珠与泪珠似珍珠滚落满坡，感动了文殊菩萨，以匣相赠，匣开泉出，山上遂有圣水长流，解决了寺庙吃水问题，后人因以“珍珠坡”呼之。

十一、土堂村中净因寺

太原市北郊上兰镇土堂村中有净因寺，距市区约20公里，在市区西北部，位于汾河出口处的烈石山西之崛嵋山麓。因为寺内有大佛像，故亦称“大佛寺”；又以所在地称“土堂寺”。寺宇坐西向东，背靠土石山，面对汾河水，寺内古柏参天，杂树交荫，环境清幽。据明世宗嘉靖二十年（1541年）《重修土堂阁楼记》碑文载，汉时土山崩塌，裂陷成洞，洞内土丘高及十丈，状若佛像，传为“山崩佛现，净土因缘”，遂建寺于此，名“净因寺”。据考证，寺始建于北齐，金章宗泰和五年（1205年）重建，明代又多次重修，清圣祖康熙、高宗乾隆及宣统年间因战乱而屡毁屡建。今存实物除垂带下端2躯石狮为金代雕刻外，余皆明、清遗物。寺宇占地2700平方米，分前、中、后三进院落。前院原有龙王庙三间、戏楼1座，惜今已不存。中院有东、西会馆各三间，西会馆为窑洞；另有钟楼1座，亦已毁。中院与后院间有卡墙及垂花门相隔。后院有大雄宝殿三楹，内有释迦牟尼佛及菩萨像；东、

图11-1 净因寺外景

净因寺位于太原市北郊烈石山南侧土堂村，俗称“大佛寺”。寺庙创建于金代，清康熙年间重建，寺庙依山而建，三进院落，是一座佛教寺庙。

图11-2 净因寺古树/上图

净因寺内由二十余间建筑组成两进院落，寺内古木参天，郁郁葱葱，繁花飘香，景致宜人，名列古阳曲八景之一。

图11-3 大雄宝殿/下图

大雄宝殿位于净因寺后院中轴线上，坐北朝南，面宽三间，施前廊柱。柱头上施斗栱，柱间普拍枋上施补间斗栱，形制古朴。

a

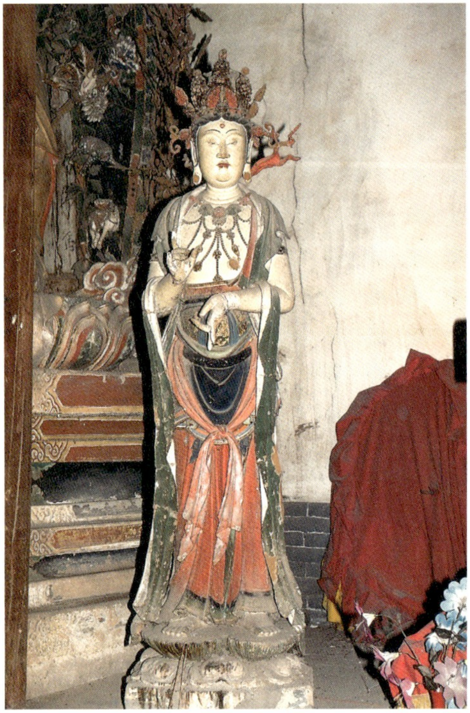

b

图11-4 净因寺彩塑

大佛阁内供奉弥勒大佛和胁侍菩萨，均为彩绘泥塑，具有明代雕塑风格。图为菩萨与胁侍两尊。

图11-5 大佛阁外景/对面页

大佛阁位于净因寺内，坐西向东，因供奉弥勒大佛，故称大佛阁。

西配殿各三间，东为罗汉殿，内有观音菩萨及十八罗汉塑像，西为地藏殿，内有地藏王菩萨及十殿阎君塑像。各殿塑像业经清代妆绘，已失去明代风格。中院西侧有一土洞，洞前依崖筑重檐歇山顶楼阁1座，建于明嘉靖二十年，面阔三间，进深五间，通高13.6米，前檐施抱厦，显得深窄、浑厚、壮观。阁内土洞深邃，阔7米，内有一佛二菩萨像。佛像高10.6米，阔6米，全结跏趺坐，面容丰腴，造型优美，衣纹流畅，表情慈祥、生动、自然、端庄。主像前有二胁侍菩萨，分列左右，皆为明代遗物。寺西古柏长势奇异，“土堂怪柏”乃太原八景之一，惜因土崖滑坡，此景今已不存。今为市级重点文物保护单位。明末清初著名学者傅山曾隐居于此，有《土堂杂诗》留世。

图11-6 大佛阁正面近景
大佛阁依山势而建，里面临崖掏窑洞，外砌重檐歇山顶前檐，二层楼阁式建筑，稳健浑厚，为寺内重要建筑。

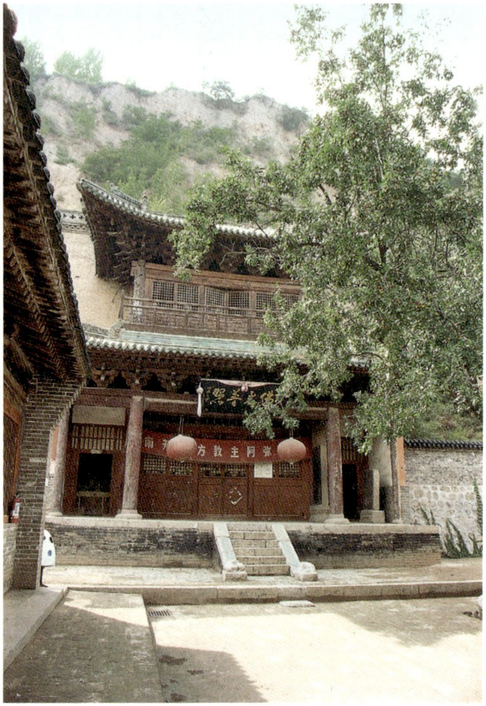

十二、太山怀抱龙泉寺

龙泉寺在太原市南郊晋源镇风峪沟内北向山腰，位于市区西南约23公里处，寺周丛林遍野，古柏掩映，曲径盘亘，佛刹隐落其间，非登临而不得见。“太山”之名，始见于沈约的《宋书》。据民间流传，五代时有山民石敢当，以勇略显于北汉，善使千锤，后世于通衢立“泰山石敢当”以避邪，山之名益著，寺亦因山称“太山寺”。又因寺东有水神祠，祠底有泉眼，泉水四时淙淙不断，谓“龙泉”，故寺亦因之而称“龙泉寺”。据寺内今存碑文记载，寺始建于唐睿宗景云元年（710年），原在山之西僻，系道教庙宇，或说称“昊天观”，今山门椽柱头仍有八卦图形遗存。金、元时庙宇毁圮。迄明太祖洪武六年（1373年）营造上下两寺，今存者为下寺，并改作佛教道场。明武宗正德十六年（1521年）重修，世宗嘉靖十七年（1538年）建观音阁，形成今日规模。《嘉靖太原县志》载，“太山寺，在县西十里风谷山之半，唐景云元年建。国朝洪武二十四年（1391年）并观音、童子五寺入焉。”成为附近佛寺之首。寺宇坐北向南，依山就势建造，高低错落，主从有致，楼殿亭阁，参差其间，自成格局。寺宇由低而高分前、中、后三院。前院为山门，左右钟鼓二楼和东西两侧建厢房，院东南隅矗立唐景云二年（711年）大碑一通，露出地面1米有余，惜碑文因风雨剥蚀已漫漶不清，难以辨认。登石阶而上入中院，正面是大雄宝殿，殿侧有台阶可至后院。院后山阿建八角攒尖顶观音阁，两侧有文殊、普贤二菩萨殿，殿内塑像及悬塑俱全，与殿阁同为明嘉靖十七年遗物，塑工洗

图12-1 龙泉寺外景/上图

龙泉寺四周林木茂盛，古木参天，苍翠之中隐现出寺庙红柱碧瓦，殿台楼阁，构成了太山一方胜境。

图12-2 大雄宝殿/下图

大雄宝殿，在第一进院正北高台之上，殿为二层。一层为砖窑，内供观音菩萨；二层为木结构殿堂，供释迦牟尼佛。

图12-3 观音阁外景/对面页上图

观音阁名为阁，其实是一座八角攒尖顶的亭式建筑。这种把亭子作为主要建筑，建于寺庙中轴线正中，供奉主像的形制，在其他地方甚为罕见。

图12-4 观音阁藻井/对面页下图

观音阁内施八角藻井，八根悬柱悬挑中央雷公柱，形似八卦。

图12-5 莲花宝洞

莲花宝洞在龙泉寺第三进院正北崖顶，洞口上有明隆庆二年(1568年)刻“莲花宝洞”石匾一方。洞内为僧人参禅修道之所。

练，色泽纯朴，面型、衣饰、神态等极富魅力，显示了明代彩塑俏丽俊秀之传统风格。观音阁后建石构殿堂三楹，名“莲花宝洞”，洞中积水徐徐外流，颇富雅趣。此外在寺南山下沟旁有晚唐名将李存孝墓；寺北山巅有五代后汉高祖刘知远避暑宫遗址；寺后响洞传为明代王鉴读书之地；寺下风峪口东有天然风洞，内藏唐武周时镌刻的《华严经》石经共126通，部分石经陈列在晋祠奉圣寺院内。

十三、白云飞处南十方

图13-1 南十方院外景
南十方院位于太原市东南8公里红土沟，也称白云寺，以其规模宏大，布局别致，环境清幽而著名，是太原十方丛林禅院中的一处重要寺庙。

南十方院在太原市南郊郝庄乡红土沟村中，位于市区东南约7公里处，原称“净业庵”，创建于明初，神宗万历年间增扩。思宗崇祯十三年（1640年）僧天泽来庵，充任主持，深受僧众拥戴。迄清圣祖康熙年间，天泽和尚辟地扩修，建藏经楼，改称“清凉寺”。后了然和尚又增建毗卢阁，扩建寺院，形成今日规模。清末山西巡抚图讷因寺院临近“白云飞处”古碑，故又称寺名为“白云寺”。“白云飞处”古碑系纪念唐武周时名相狄仁杰登太行山，遥望故里，见白云孤飞的故事而立。“十方”是佛经语，包括：上、下、东、西、南、北、东南、东北、西南、西北共十方，凡十方海会禅林均称“十方院”，梵语称“招提”。“不拘甲乙请诸方名宿使主持之，为‘十方刹’。”白云寺乃十方常住，故名“十方院”。明、清两代，太原共有三个十方院，另两个分别为城北千寿寺，亦称“净因禅院”，即“北十方院”；东关万寿庵，即“东

图13-2 南十方院山门/上图

山门，建在高大的砖砌基座上，面宽三间，硬山式屋顶，明间悬挂“白云寺”横额。殿内供奉大肚弥勒佛与四大天王。

图13-3 南十方院中殿/下图

位于白云寺前院正北，也称过殿、献殿，面宽五间，前后设廊，中间三间置格扇，可前后穿行。

十方院”。白云寺因其在太原城南，故有“南十方院”之称。南十方院以规模宏大、布局严谨、环境清幽而在三个十方院中位居第一，向为城南胜境。

寺宇坐北向南，依山就势，高下叠置，沟中凿有石阶磴道，寺院建于蹬道顶端。拾级而上，山门额悬“白云寺”三个贴金字，左右角门门楣上分别书写“真境”、“光寐”，山门两侧有钟鼓二楼对峙。山门内为三进四合院，面积约3800平方米，中轴线上有天王殿、过殿（献殿）、大雄宝殿等建筑，配殿则有东、西禅堂，惜西禅堂已于“文化大革命”期间被拆毁。一进院正面有殿五楹，单檐悬山顶，前檐施廊，南北辟门，供前后穿行。二进院正面建大雄宝殿五楹，亦为单檐悬山顶。三进院为僧院，北、东、西三面建砖砌二层窑洞，呈倒“凹”字形布列，俗称“窑楼”，底层券筑窑洞21间，上层筑窑洞27间。过殿两侧对称建两

图13-4 南十方院大雄宝殿
位于南十方院中院正北，有大雄宝殿五楹，悬山式屋顶，正脊、垂脊用雕花琉璃砌筑，塔形脊刹高约2米，十分雄伟。

图13-5 南十方院僧院窑楼外景

在白云寺后院，东、西、北建有二层三面围楼共42间，其下部系砖砌窑洞，楼上加建木构出檐廊房，屋顶铺饰琉璃，在三面窑楼中可来回穿行。

处小院，分别为客堂和斋房。前院有祖师堂、伽蓝殿，西侧小院为观音堂。寺内主要建筑均施琉璃脊兽，以琉璃瓦剪边，屋顶中间局部覆盖琉璃瓦，呈菱形布列。寺内佛像大多毁于"文化大革命"中，唯韦驮像尚存，坐姿，与常见之立像形制殊异。寺内各种建筑与地形配合得宜，连甍蔽空，古木参天，有高逾30米之白皮松，显得幽深而静穆。寺西沟口有塔林，其中的天泽和尚塔上镶嵌有清初著名学者傅山撰、书之《天泽润公碑》，镌刻于清圣祖康熙十六年（1677年），全篇气势浩荡，直率自然，为傅山晚年佳作，艺术与文物价值极高。惜塔于"文化大革命"中被拆毁，碑存市内纯阳宫山西省博物馆。

图13-6 南十方院内古树
白云寺内栽几棵古树，林荫参天，古朴苍翠，清凉宜人，构成寺院独特的景致。

大事年表

朝代	年号	公元纪年	大事记
北齐			始建土堂净因寺
唐	景云元年	710年	始建太山龙泉寺
	景云二年	711年	镌刻太山龙泉寺碑
	贞元二年	786年	建崛嵎寺下寺
唐末			李克用及李存勖父子至崛嵎山多福寺礼佛
宋末			多福寺毁于兵燹
金	大定十六年	1176年	重修多福寺，镌刻石经幢
	泰和五年	1205年	重建土堂净因寺
明	洪武初年		重建崛嵎多福寺
	洪武六年	1373年	重建太山龙泉寺
	洪武十六年	1383年	为纪念明太祖皇后马氏而建的崇善寺正式开工
	洪武二十四年	1391年	崇善寺工程告竣
	永乐十二年	1414年	撰书并悬挂崇善寺建寺缘由匾
	天顺三年	1459年	铸造多福寺大铁钟
	成化八年至成化十六年	1472—1480年	崇善寺首次大规模重修、补葺、扩建

朝代	年号	公元纪年	大事记
明	成化十八年	1482年	绘制崇善寺总图
明	正德元年	1506年	铸造崇善寺万斤大铁钟
明	正德十二年	1517年	建崇善寺大钟楼
明	嘉靖十七年	1538年	建龙泉寺观音阁
明	嘉靖三十九年	1560年	大规模维修崇善寺
明	嘉靖四十二年	1563年	镌刻并竖立《重修崇善寺记》碑
明	万历年间	1573—1619年	福登高僧奉敕建双塔永祚寺。增扩南十方院
明	万历四十三年	1615年	镌刻《晋省西山崛崓多福寺碑》
明末			傅山隐居多福寺青羊庵（霜红龛）
清	康熙年间	1662—1722年	天泽和尚扩建南十方院
清	康熙十六年	1677年	傅山撰、书《天泽润公碑》
清	同治三年	1864年	崇善寺失火被焚
清	光绪七年	1881年	迁建文庙于崇善寺废墟，寺宇自此一分为二：文庙占据原寺主要地盘，以大悲殿为代表的崇善寺偏居一隅
清	光绪二十九年	1903年	镌刻并竖立《重兴崇善寺碑记》
中华民国		1911—1937年	崇善寺沦为自新学艺所，用于拘押吸毒者及小偷
中华民国	抗日战争时期	1937—1945年	侵华日军为开办“弘学院”而将太原各寺佛经汇集于崇善寺

图书在版编目（CIP）数据

晋阳佛寺 / 王宝库等撰文 / 郭英图版说明 / 王永先等摄影.—北京：中国建筑工业出版社，2013.10
（中国精致建筑100）
ISBN 978-7-112-16043-3

Ⅰ. ①晋… Ⅱ. ①王… ②郭… ③王 Ⅲ. ①佛教-寺庙-建筑艺术-太原市-图集 Ⅳ. ① TU-098.3

中国版本图书馆CIP 数据核字（2013）第256365号

责任编辑：董苏华 张惠珍 孙立波
技术编辑：李建云 赵子宽
图片编辑：张振光
美术编辑：赵 清 康 羽
书籍设计：瀚清堂·赵 清 周伟伟 康 羽
责任校对：张慧丽 陈晶晶 关 健
图文统筹：廖晓明 孙 梅 骆毓华
责任印制：郭希增 臧红心
材料统筹：方承艺

中国精致建筑100

晋阳佛寺

王宝库 王 鹏 撰文/郭 英 图版说明/王永先 郭 英 王 昊 摄影

中国建筑工业出版社出版、发行（北京西郊百万庄）
各地新华书店、建筑书店经销
南京瀚清堂设计有限公司制版
北京顺诚彩色印刷有限公司印刷

开本：889×710 毫米 1/32 印张：3 插页：1 字数：125 千字
2016年3月第一版 2016年3月第一次印刷
定价：**48.00**元
ISBN 978-7-112-16043-3
（24368）